胭+砚
project

必见辽阔之地！

Next Week is Important

下周很重要

连岳 著

東方出版中心

第01周

52

发现一个有趣的现象，我想让它也发生在你身上。

越来越多的读者留言告知他们想做事，这些留言其实多数上不了评论区，也就是说，只有我和他知道这条留言的存在。

他们为何还要写？我想，有两层意思：

一是清晰地告诉自己想要什么， 在自我对话中，自己就是自己的听众。我们痛苦、焦虑、无名火起，往往是因为听不清自己的真实需求，某一刻，你听到自己的需求时，症状就好了一半。

一个简单的计划，也是这样，和随便想想比，明确告诉自己，效果会好很多，它像对自己的一个许诺，有了实践的义务，能量就会围绕它而聚集。

二是写下来告诉我，已经默认我看到了，是更正规的约定，像是甲方乙方的合同，有监督，更容易坚持。虽然你没做，我也无法如何你。

那么，每周坚持这么做，不是很有意思吗？

人都是想改善处境的，无论你现在的处境有多好，你永远都在成长。

现在，就把你下周想要的成长计划列出来。以下几个建议供你参考：

1. **改善自己**。让你的状况变好，而不是变坏。

2. **不损他人**。偷了 100 块钱没被抓，改善了你的经济状况，但是损害了他人。

3. **目标不要太大，或者把大目标细分到一周之内**。比如，彻底戒烟，一周内完不成，你的目标是下周烟量减一半，或者绝不在家里吸烟，这就容易操作，容易起步。又比如，一个从没锻炼过的人，下周就不间断完成 10000 米跑，那是不可能的，但你下周每天快走 2000 米，尝试着跑几百米，这是可以完成的。

4. **计划不要定得太完美，留有余地**。你估计自己能做 10 分，就按 8 分定计划，不会因为完不成而沮丧。

5. **马上开始。行动解决一切**。

但愿你敢试一下。

做不成，你还是你；做成了，就是更好一点的你。

JAN ☐ FEB ☐ MAR ☐ APR ☐ MAY ☐ JUN ☐

To do list

☐

☐

☐

☐

☐

MON. | DATE

TUE. | DATE

WED. | DATE

JUL ☐ AUG ☐ SEP ☐ OCT ☐ NOV ☐ DEC ☐

THR. | DATE

FRI. | DATE

SAT. | DATE

SUN. | DATE

人都是想改善处境的，无论你现在的处境有多好，你永远都在成长。

第02周

52

上周的许诺，完成了吧。

好，继续。

下周，你想做什么？

它可以让你更健康、更富有、更聪明。

写下来，那是你对自己的承诺。

如果上周没完成，没事，从这周开始吧。

JAN ☐ FEB ☐ MAR ☐ APR ☐ MAY ☐ JUN ☐

To do list

- ☐
- ☐
- ☐
- ☐
- ☐

MON. | DATE

TUE. | DATE

WED. | DATE

JUL ☐ AUG ☐ SEP ☐ OCT ☐ NOV ☐ DEC ☐

THR. | DATE

FRI. | DATE

SAT. | DATE

SUN. | DATE

上周的许诺，完成了吧。

好，继续。

第03周

52

早先开发美国西部的人们，行程很辛苦，有时候，他们走了一天，回头还能望见昨晚的营地。

但是他们想：只要往前走，就是好的。

下周，你要如何往前走？

JAN ☐ FEB ☐ MAR ☐ APR ☐ MAY ☐ JUN ☐

To do list

- ☐
- ☐
- ☐
- ☐
- ☐

MON. | DATE

TUE. | DATE

WED. | DATE

JUL ☐ **AUG** ☐ **SEP** ☐ **OCT** ☐ **NOV** ☐ **DEC** ☐

THR. | DATE

FRI. | DATE

SAT. | DATE

SUN. | DATE

只要往前走，就是好的。

第04周

52

大假期就要来了，
一切都会变大。

大聚会、大睡一场，
大碗喝酒、大块吃肉。

当然，也还会有一些大计划，
树根草根的春天大叛乱，
都是在寒风中策划完成。

我囤够了酒，也囤够了书，
还更新了运动装备，
大干一场。

JAN ☐ FEB ☐ MAR ☐ APR ☐ MAY ☐ JUN ☐

To do list

- ☐
- ☐
- ☐
- ☐
- ☐

MON. | DATE

TUE. | DATE

WED. | DATE

JUL ☐ **AUG** ☐ **SEP** ☐ **OCT** ☐ **NOV** ☐ **DEC** ☐

THR. | DATE

FRI. | DATE

SAT. | DATE

SUN. | DATE

树根草根的春天大叛乱，

都是在寒风中策划完成。

第05周

52

长假最主要的功能是打乱一个人的计划与节奏。

尤其是春天的长假。

但这不是说我们就不需要假期。

人应该有假期，辛苦了一年，值得一次充分的休息，就像力大无穷的北极熊，需要一次冬眠。

但是，假期结束了，醒来，去打猎。

化解节后启动缓慢症状的最好办法就是立即开始做一件事，可以做得少一点、慢一点，可以不完美，最重要的是立即开始。

JAN ☐ **FEB** ☐ **MAR** ☐ **APR** ☐ **MAY** ☐ **JUN** ☐

To do list

- ☐
- ☐
- ☐
- ☐
- ☐

MON. | DATE

TUE. | DATE

WED. | DATE

JUL ☐ AUG ☐ SEP ☐ OCT ☐ NOV ☐ DEC ☐

THR. | DATE

FRI. | DATE

SAT. | DATE

SUN. | DATE

化解节后启动缓慢症状的最好办法就是立即开始做一件事，可以做得少一点、慢一点，可以不完美，最重要的是立即开始。

第06周

52

我喜欢在大学操场跑步，因为上面有太多意志坚强的孩子，让人觉得世界又美又坚强。

所以大年三十下午，只有我一个人在跑时，觉得累。

现在人又多起来了，有时简直是堵塞。

每当我完成跑量时，这种时候，只要有人超越我（当然，我希望是位姑娘），我就会提速，紧跟着他（她），再跑一圈，或者两圈。

被更快的人领着，以最快的速度结束当天的跑步，相当开心。

JAN ☐ FEB ☐ MAR ☐ APR ☐ MAY ☐ JUN ☐

To do list

- ☐
- ☐
- ☐
- ☐
- ☐

MON. | DATE

TUE. | DATE

WED. | DATE

JUL ☐ AUG ☐ SEP ☐ OCT ☐ NOV ☐ DEC ☐

THR. | DATE

FRI. | DATE

SAT. | DATE

SUN. | DATE

被更快的人领着，以最快的速度结束当天的跑步，相当开心。

第07周

52

雪都下了。

一年刚刚开始，一年却将过去七周。

日历是有趣的发明，它提醒我们每一天都要重组生活。

一天、一周、一月，它们的开始，总是有人在告诉自己：要做些重要的事情。

来，在一张白纸上，在书页的空白处，在雪地上，写下你下周想做的事。

雪会融化，你做的事也会消失，但你却一直在成长。

JAN ☐ **FEB** ☐ **MAR** ☐ **APR** ☐ **MAY** ☐ **JUN** ☐

To do list

- ☐
- ☐
- ☐
- ☐
- ☐

MON. | DATE

TUE. | DATE

WED. | DATE

JUL ☐ AUG ☐ SEP ☐ OCT ☐ NOV ☐ DEC ☐

THR. | DATE

FRI. | DATE

SAT. | DATE

SUN. | DATE

雪会融化，你做的事也会消失，但你却一直在成长。

第08周

52

曾有一位日本青年，大学四年，是混完的：看电影，玩游戏，打麻将。

毕业后，父亲托关系为他找了一份工作，他干了一年就辞了。

直到继承父亲的一个小店，他才开始想怎么把它做大。在一次次尝试和失败中，能量不停变大。

60多岁时，他说：创业不需要有什么特别的资质。我认为几乎所有人都能创业，重要的是自己做做看。无论失败几次都不气馁，继续挑战，在这个过程中，就能培养出一位经营者。

这人并非天才，起步也迟。他是优衣库的创始人柳井正。

所以，坚持吧，失败是有价值的。

JAN ☐ FEB ☐ MAR ☐ APR ☐ MAY ☐ JUN ☐

To do list

- ☐
- ☐
- ☐
- ☐
- ☐

MON. | DATE

TUE. | DATE

WED. | DATE

JUL ☐ AUG ☐ SEP ☐ OCT ☐ NOV ☐ DEC ☐

THR. | DATE

FRI. | DATE

SAT. | DATE

SUN. | DATE

创业不需要有什么特别的资质。我认为几乎所有人都能创业，重要的是自己做做看。无论失败几次都不气馁，继续挑战，在这个过程中，就能培养出一位经营者。

第09周

52

可能每一周的计划都很辛苦。这苦味，是自律的味道，是成长的味道，是终生学习的味道。

松下幸之助，9 岁开始当童工，在隐忍辛苦中善于发现机会，也敢于不停尝试，终成一代经营之神。

他说，经营事业，遭遇任何困难，都要对自己说，忍耐吧！忍耐吧！一个人能忍耐到底，即使你的计划不能成功，但随着周围情势的转变，也会有好的转机。

在辛苦的计划里忍耐，主要是得到能力，在机会出现时，你做好了准备。

JAN ☐ FEB ☐ MAR ☐ APR ☐ MAY ☐ JUN ☐

To do list

- ☐
- ☐
- ☐
- ☐
- ☐

MON. | DATE

TUE. | DATE

WED. | DATE

JUL ☐ AUG ☐ SEP ☐ OCT ☐ NOV ☐ DEC ☐

THR. | DATE

FRI. | DATE

SAT. | DATE

SUN. | DATE

一个人能忍耐到底，即使你的计划不能成功，但随着周围情势的转变，也会有好的转机。

第10周

52

我很怕被人说懒。芒格说过，一个人又懒又不可信任，再聪明也没有用。

聪明是天分，而勤奋和可以信任，都是后天可以习得。所以，不够聪明不是缺点，懒才是。勤奋且可以信任，一个人凭借这点，不停积累知识与人脉，也可以慢慢变得聪明，甚至比大多数聪明人走得更远。

制订计划可以提高人的勤奋度。你有什么计划？写下来，在心里默念一遍，答应自己要做到。

我不懒，你也不懒。

JAN ☐ FEB ☐ MAR ☐ APR ☐ MAY ☐ JUN ☐

To do list

- ☐
- ☐
- ☐
- ☐
- ☐

MON. | DATE

TUE. | DATE

WED. | DATE

JUL ☐ AUG ☐ SEP ☐ OCT ☐ NOV ☐ DEC ☐

THR. | DATE

FRI. | DATE

SAT. | DATE

SUN. | DATE

芒格说过，一个人又懒又不可信任，再聪明也没有用。

第11周

52

在成长路上，我们不停调整自己的计划，

正如开车得不停调整方向。

前进的路，可能没一条是重样的。

每个人到达终点时，都有独特的经验和故事，

但是，他们的共同点就是：

都拥有一个出发点。

不出发，哪里也到不了。

JAN ☐ FEB ☐ MAR ☐ APR ☐ MAY ☐ JUN ☐

To do list

- ☐
- ☐
- ☐
- ☐
- ☐

MON. | DATE

TUE. | DATE

WED. | DATE

JUL [ ] AUG [ ] SEP [ ] OCT [ ] NOV [ ] DEC [ ]

THR. | DATE

FRI. | DATE

SAT. | DATE

SUN. | DATE

不出发，哪里也到不了。

第12周

52

你是不是有停不下来的感觉?

一切似乎都够了,但是你还想继续赢。

这感觉是对的。

人是学习机器,人是进步机器,

只要找到了正确的方法,就停不下来。

所以,有时你会走到自己都想不到的高度。

JAN ☐ FEB ☐ MAR ☐ APR ☐ MAY ☐ JUN ☐

To do list

- ☐
- ☐
- ☐
- ☐
- ☐

MON. | DATE

TUE. | DATE

WED. | DATE

JUL ☐ AUG ☐ SEP ☐ OCT ☐ NOV ☐ DEC ☐

THR. | DATE

FRI. | DATE

SAT. | DATE

SUN. | DATE

人是学习机器，人是进步机器，

只要找到了正确的方法，就停不下来。

第13周

52

想法容易完美，

行动容易笨拙。

再完美的想法总是虚幻的，

再笨拙的行动也是实在的。

除了行动，

没有别的方法改变。

JAN ☐ FEB ☐ MAR ☐ APR ☐ MAY ☐ JUN ☐

To do list

- ☐
- ☐
- ☐
- ☐
- ☐

MON. | DATE

TUE. | DATE

WED. | DATE

JUL ☐ AUG ☐ SEP ☐ OCT ☐ NOV ☐ DEC ☐

THR. | DATE

FRI. | DATE

SAT. | DATE

SUN. | DATE

再完美的想法总是虚幻的，

再笨拙的行动也是实在的。

第14周

52

灵光一现，这种美妙的感觉，每个人都经历过，这就是灵感。

但灵感出现的次数太少，少到不足以改变你的人生。

守株待兔的人，等不到第二只兔子。

杂草里最早的野生稻谷，像是灵感，珍贵、稀少、脆弱。

春耕、夏耘、秋收、冬藏，四时不失，五谷不绝，这是坚韧。周而复始，看起来非常无聊，这却是专业，带来繁盛、富足与强大。

业余选手讲灵感，专业选手讲坚韧。

JAN ☐ FEB ☐ MAR ☐ APR ☐ MAY ☐ JUN ☐

To do list

- ☐
- ☐
- ☐
- ☐
- ☐

MON. | DATE

TUE. | DATE

WED. | DATE

JUL ☐ **AUG** ☐ **SEP** ☐ **OCT** ☐ **NOV** ☐ **DEC** ☐

THR. | DATE

FRI. | DATE

SAT. | DATE

SUN. | DATE

业余选手讲灵感，专业选手讲坚韧。

第15周

52

2017年，我对自己还是满意的，因为完成了年初的计划。

有那么几天，有那么几次，是懒惰的、糊涂的、心情低落的，但它们都没有造成严重后果，庆幸。人这台机器必然会出现一些小故障，我接受这点，我也不会苛责自己。

最惊险的一次是第二天早上要交稿，我却太困太累，加上陪远方来的老友喝了半斤酒，在夜半12点沉沉睡去，却奇迹般于凌晨三点一跃而起，完成了工作。今后我将避免此类事件再次发生，但现在回忆起来，却为体内藏有如此警觉的力量感到惊喜。

我还增加了工作强度。意识到在47岁这个年龄，不增加强度，退休心态就会慢慢侵蚀自己，那很可悲。工作强度的增加，意味着必须向效率要时间，今年年底，改变了作息规律，成为早起的人。

一年很短，好像值得写下来的进步也不多。

每天又更短，一瞬间就过去了，感觉人的主业是睡眠，白天那一晃，只是做了个大梦。

这容易让人沮丧，似乎每天都无收益。

有个简单的方法可以迅速恢复信心。比如在特别糟糕的一天，身体状态并不好，精神也无法集中，导致你只有5分钟时间看完2页书，你可以做一个简单的乘法：即使一年都这么背，乘以365，我也可以啃完一本730页的书，并没有几个人一年看完这么厚一本书。

再小的努力，乘以365，都很明显。

JAN ☐ FEB ☐ MAR ☐ APR ☐ MAY ☐ JUN ☐

To do list

- ☐
- ☐
- ☐
- ☐
- ☐

MON. | DATE

TUE. | DATE

WED. | DATE

JUL ☐ AUG ☐ SEP ☐ OCT ☐ NOV ☐ DEC ☐

THR. | DATE

FRI. | DATE

SAT. | DATE

SUN. | DATE

再小的努力，乘以365，都很明显。

第16周

52

好歌，被更多舌头复制，

好文章，被更多眼睛复制。

第二步复制第一步，直至一万步。

第二次吻复制初吻，直至一百岁。

绿叶复制绿叶，花瓣复制花瓣，

每年可以生产一个春天。

复制你的好，复制微小的成长，

这是美好的生活的核心技术。

JAN ☐ FEB ☐ MAR ☐ APR ☐ MAY ☐ JUN ☐

To do list

- ☐
- ☐
- ☐
- ☐
- ☐

MON. | DATE

TUE. | DATE

WED. | DATE

JUL ☐ AUG ☐ SEP ☐ OCT ☐ NOV ☐ DEC ☐

THR. | DATE

FRI. | DATE

SAT. | DATE

SUN. | DATE

复制你的好，复制微小的成长，

这是美好的生活的核心技术。

第17周

52

总有人害怕：我没有一技之长……

不，你错了。任何人都有一技之长。

决定一生的，并不是美貌，也不是杰出的才智与技能，

这些都属于少数人。

决定一生的，是耐心与勇气。

一次又一次地重复正确的行动，

一次又一次地重复对原则的坚守，

一次又一次把自己扔进艰苦的训练，

任何人都可以做到，

就像任何一朵花，都可以一次又一次开放。

有了耐心，也就有了勇气。

因为一直在坚持，也就证明你有勇气改变自己。

JAN ☐ **FEB** ☐ **MAR** ☐ **APR** ☐ **MAY** ☐ **JUN** ☐

To do list

- ☐
- ☐
- ☐
- ☐
- ☐

MON. | DATE

TUE. | DATE

WED. | DATE

JUL ☐ AUG ☐ SEP ☐ OCT ☐ NOV ☐ DEC ☐

THR. | DATE

FRI. | DATE

SAT. | DATE

SUN. | DATE

决定一生的，并不是美貌，也不是杰出的才智与技能，

这些都属于少数人。

决定一生的，是耐心与勇气。

第18周

52

无论你内向还是外向，每天都应该有独处的时间，
跟自己说几句话，想想该做什么，
更主要的是，一个人的思考，一个人的行动，
都需要在大量的独处中完成。
无法独处的人，永远混迹在人群中，
渴望别人认识自己，尊重自己，关心自己，
遗憾的是，他却不可能有自己。
来，告诉我，你下周想做什么？
写完后，在属于你自己的时间里，完成它们。

JAN ☐ FEB ☐ MAR ☐ APR ☐ MAY ☐ JUN ☐

To do list

- ☐
- ☐
- ☐
- ☐
- ☐

MON. | DATE

TUE. | DATE

WED. | DATE

JUL ☐ AUG ☐ SEP ☐ OCT ☐ NOV ☐ DEC ☐

THR. | DATE

FRI. | DATE

SAT. | DATE

SUN. | DATE

无法独处的人，永远混迹在人群中，
渴望别人认识自己，尊重自己，关心自己，
遗憾的是，他却不可能有自己。

第19周

52

水龙头很久没开，先放出的一些水，可能并不适合饮用，还有些异味，但为了得到后面可饮用的水，放水过程不可避免，似乎无用的开始是有用的保证。

你所有计划开始，不如你想象中的美好，甚至像做无用功，这都是正常的。

继续吧，你下周有什么提升自己的计划？写下来。之前的废水放完了，有用之水正要涌现。

JAN ☐ FEB ☐ MAR ☐ APR ☐ MAY ☐ JUN ☐

To do list

- ☐
- ☐
- ☐
- ☐
- ☐

MON. | DATE

TUE. | DATE

WED. | DATE

JUL ☐ AUG ☐ SEP ☐ OCT ☐ NOV ☐ DEC ☐

THR. | DATE

FRI. | DATE

SAT. | DATE

SUN. | DATE

你所有计划开始，不如你想象中的美好，甚至像做无用功，这都是正常的。

第20周

52

如果你有想法，当然要有行动。啤酒不会从冰箱走到你手上。

如果你没有想法，更要有行动，想法将在行动中产生。

正如杰克·伦敦所说：还等什么？赶快拿起大棒去捕猎灵感！

JAN ☐ FEB ☐ MAR ☐ APR ☐ MAY ☐ JUN ☐

To do list

☐

☐

☐

☐

☐

MON. | DATE

TUE. | DATE

WED. | DATE

JUL ☐ **AUG** ☐ **SEP** ☐ **OCT** ☐ **NOV** ☐ **DEC** ☐

THR. | DATE

FRI. | DATE

SAT. | DATE

SUN. | DATE

还等什么？赶快拿起大棒去捕猎灵感！

第21周

52

你没说出来的意思，即不存在。这是一个逻辑信条。

他人并无义务猜测你的言外之意。

你对谁说了最多的话，这一生？

你自己。

你始终在自我对话。你是自行发音的乐器。

所以，你要明确地说出对自己的要求，这样你才能够理解你自己，你才能够实现你自己。

JAN ☐ FEB ☐ MAR ☐ APR ☐ MAY ☐ JUN ☐

To do list

- ☐
- ☐
- ☐
- ☐
- ☐

MON. | DATE

TUE. | DATE

WED. | DATE

JUL ☐ AUG ☐ SEP ☐ OCT ☐ NOV ☐ DEC ☐

THR. | DATE

FRI. | DATE

SAT. | DATE

SUN. | DATE

你没说出来的意思，即不存在。

第22周

52

李嘉诚90岁才退休。

勤奋、敏锐、谨慎、计谋，既特立独行，又八面玲珑，这样一个人工作到了90岁，他怎么可能不赢？对他再有看法的人，可能都不得不承认他比自己的工作时间更长。

一个人活到90岁，不过4680周，只要过好一周，就向完美的一生迈了一大步。

JAN ☐ FEB ☐ MAR ☐ APR ☐ MAY ☐ JUN ☐

To do list

- ☐
- ☐
- ☐
- ☐
- ☐

MON. | DATE

TUE. | DATE

WED. | DATE

JUL AUG SEP OCT NOV DEC

THR. | DATE

FRI. | DATE

SAT. | DATE

SUN. | DATE

一个人活到90岁，不过4680周，只要过好一周，就向完美的一生迈了一大步。

第23周

52

没有什么值得做的事是容易完成的。

没有什么值得做的事是不容易开始的。

在你制订完计划后，

我希望你额外多做一点送给我，

比如你是一株玫瑰，下周计划开 10 朵，

请你开 11 朵，送我一朵。

JAN ☐ FEB ☐ MAR ☐ APR ☐ MAY ☐ JUN ☐

To do list

- ☐
- ☐
- ☐
- ☐
- ☐

MON. | DATE

TUE. | DATE

WED. | DATE

JUL ☐ AUG ☐ SEP ☐ OCT ☐ NOV ☐ DEC ☐

THR. | DATE

FRI. | DATE

SAT. | DATE

SUN. | DATE

没有什么值得做的事是容易完成的。

没有什么值得做的事是不容易开始的。

第24周

52

爱是一个成长协议，但是，有多少人已经忘了？

放弃自己，全世界只有那个爱自己的人会伤心。

不能因为他最爱自己，令他成为全世界最倒霉的人。

JAN ☐ FEB ☐ MAR ☐ APR ☐ MAY ☐ JUN ☐

To do list

- ☐
- ☐
- ☐
- ☐
- ☐

MON. | DATE

TUE. | DATE

WED. | DATE

JUL ☐ AUG ☐ SEP ☐ OCT ☐ NOV ☐ DEC ☐

THR. | DATE

FRI. | DATE

SAT. | DATE

SUN. | DATE

放弃自己，全世界只有那个爱自己的人会伤心。

第25周

52

有一件事倒是真的只能靠自己，无法依赖他人，或者说，即使他人爱你，也无法替你完成。

那就是，你自己的提升。你变成一个更强壮的人、更有技能的人、更让人爱的人。

那些自我训练，枯燥、不显眼、无尽重复，最后你忘了你做过多少次，正如一棵大树忘了自己有多少片叶子，可每一片叶子都是它长出来的，每一片叶子都在增加能量。

不知不觉，就这么长大了，只要你不停止。并不需要完美，也不必很快，偶尔有松懈也不怕，不停止才是关键。

JAN ☐ **FEB** ☐ **MAR** ☐ **APR** ☐ **MAY** ☐ **JUN** ☐

To do list

- ☐
- ☐
- ☐
- ☐
- ☐

MON. | DATE

TUE. | DATE

WED. | DATE

JUL ☐ AUG ☐ SEP ☐ OCT ☐ NOV ☐ DEC ☐

THR. | DATE

FRI. | DATE

SAT. | DATE

SUN. | DATE

并不需要完美，也不必很快，偶尔有松懈也不怕，不停止才是关键。

第26周

52

“才能这种东西，本来就是该靠自己挖掘创造的。

我也不是什么天才，只是比任何人都拼命工作，一步一个脚印走过来。

等我回头一看，背后没有一个身影。那帮懒惰的人在山脚念叨，谁叫那家伙是天才。

我最讨厌优哉游哉长大的慢性子，比我有时间、有精力、感情丰富的人，为什么比我懒惰，那就给我啊。

要把这些东西都浪费掉的话，通通给我啊，我还有很多想要创造的东西。”

日剧《LEGAL HIGH》第二季第七集，漫画家老爷爷如此说。

绝大多数人与人之间，原本差距是不大的。那些最后很聪明的人，只不过是肯下笨功夫。

JAN ☐ **FEB** ☐ **MAR** ☐ **APR** ☐ **MAY** ☐ **JUN** ☐

To do list

- ☐
- ☐
- ☐
- ☐
- ☐

MON. | DATE

TUE. | DATE

WED. | DATE

JUL ☐ AUG ☐ SEP ☐ OCT ☐ NOV ☐ DEC ☐

THR. | DATE

FRI. | DATE

SAT. | DATE

SUN. | DATE

才能这种东西，本来就是该靠自己挖掘创造的。

第27周

52

塞缪尔·佩皮斯是17世纪的英国名人。

他是成功典范，从贫寒的裁缝之子成长为海军部长、议员和皇家学会会长。

他富有好奇心，思想开明，爱惜人才。

他是那个时代的伟大人物。

在他死后，他那谜一样的速记本被解读，人们发现了这位伟大人物的另一面：

他记录了他见过的一切：战争、鼠疫、伦敦大火，像出色的新闻记者。

他批评国王。

他记录自己的真实情感，他的艳遇，他偷窥国王情妇的内衣，他与妻子爱恨交加的情感。

他那不争气的弟弟死后，他是伤心的，然而，又有解脱之感。

他并不害怕面对自己。

后人看到他写的一切“渺小”之后，觉得这对他

的伟大并不损害。

人们喜欢真实的大人物。

有人害怕制订计划，因为完成不了令自己挫败。

但是记录本身就有功效，写下来就是力量。

如果偶尔完不成任务令你有渺小之感，那要记住，大人物也常面对这种感觉，只不过，他们战胜了这种感觉，与这种感觉共存。

JAN ☐ FEB ☐ MAR ☐ APR ☐ MAY ☐ JUN ☐

To do list

☐

☐

☐

☐

☐

MON. | DATE

TUE. | DATE

WED. | DATE

JUL ☐ AUG ☐ SEP ☐ OCT ☐ NOV ☐ DEC ☐

THR. | DATE

FRI. | DATE

SAT. | DATE

SUN. | DATE

记录本身就有功效，写下来就是力量。

第28周

52

腓特烈大帝，欧洲开明专制君主第一人。作为一个天生注定拥有普鲁士王国的人，他追求那些需要自律才能得到的能力，在这点上，他和所有人公平竞争。

他觉得时间不够用，强迫自己每天凌晨4点起床。早起的人都知道，这很痛苦。他命令仆人在他赖床时，扔一条冷毛巾到他脸上。

他于是有时间每天练习长笛4次，成为作曲家、作家、演奏家、作家与艺术家之友，与此同时，不耽误政事。

他死后20年，拿破仑攻入柏林，进入他的陵园向其致敬。拿破仑命令将士：摘下你们的帽子，先生们！倘或此公尚在，我们将永远不能踏足此地。

能力的得到，大帝也没有特权，只能早起练习。

JAN ☐ FEB ☐ MAR ☐ APR ☐ MAY ☐ JUN ☐

To do list

- ☐
- ☐
- ☐
- ☐
- ☐

MON. | DATE

TUE. | DATE

WED. | DATE

JUL ☐ AUG ☐ SEP ☐ OCT ☐ NOV ☐ DEC ☐

THR. | DATE

FRI. | DATE

SAT. | DATE

SUN. | DATE

能力的得到，大帝也没有特权，只能早起练习。

第29周

52

有跑步经验的人知道，试图用音乐，用影像缓解枯燥的痛苦，基本上没有太大的作用，只要运动达到足够的强度，你就只会在意自己的呼吸，不停计算剩下的里程。

等到一切归零，长出一口气，心中充满快乐。

浑身的汗水，就像是榨出的意义。

人生中一切稍微值得做的事，大概都是如此，是面对自己的、一次又一次的枯燥练习。过程都是痛苦的，结束那刻，快乐才会出现。

拥抱枯燥，拥抱重复，就是拥抱意义。

你开始时，不知道会发生什么。

但重复得足够多，就知道了。

JAN ☐ FEB ☐ MAR ☐ APR ☐ MAY ☐ JUN ☐

To do list

- ☐
- ☐
- ☐
- ☐
- ☐

MON. | DATE

TUE. | DATE

WED. | DATE

JUL ☐ AUG ☐ SEP ☐ OCT ☐ NOV ☐ DEC ☐

THR. | DATE

FRI. | DATE

SAT. | DATE

SUN. | DATE

拥抱枯燥，拥抱重复，就是拥抱意义。

你开始时，不知道会发生什么。

但重复得足够多，就知道了。

第30周

52

想要有完美的开始，就没有开始。

想要有完美的过程，很难有开始。

想要有完美的结束，很难有开始。

学习的过程很漫长，开始更不容易。太焦虑，希望速成；太完美，苛责开始，都会导致学习失败。

别着急，慢慢来。开始笨拙，慢慢熟练。先埋在土里，再长向天空。

允许自己不完美，允许自己偶尔偷懒，当成一次休息，但是不要允许自己停止。

步子不美，速度不快，都不要紧，人生那么长，不停止，总会走非常远。

JAN ☐ FEB ☐ MAR ☐ APR ☐ MAY ☐ JUN ☐

To do list

- ☐
- ☐
- ☐
- ☐
- ☐

MON. | DATE

TUE. | DATE

WED. | DATE

JUL ☐ AUG ☐ SEP ☐ OCT ☐ NOV ☐ DEC ☐

THR. | DATE

FRI. | DATE

SAT. | DATE

SUN. | DATE

允许自己不完美，允许自己偶尔偷懒，当成一次休息，但是不要允许自己停止。

第31周

52

对孩子来说，作文可能是最头痛的功课，经常磨蹭一小时才挤出几行字，以为天天写作文是不可能的事。

很多人一辈子也没过作文关，一写文章，就像回到小时候，脑子一片空白。

甚至有些以写作为业的人也是如此，他们也找到许多理由偷懒。最典型的说法就是没找到灵感。听起来又酷又充分。

在刚刚进入媒体业时，我也受这种论调影响，要有“灵感”才写。

后来，我的文字偶像之一卡尔维诺替我理顺了这点。

他认为，写作的人，应该把自己当成工匠看待，像面包师，像鞋匠。工匠每天得工作，一个面包师，你不能对顾客说，我今天没有灵感，所以没有面包。这样的面包师是要饿死的。写作的人也一样，每天得写。

每天写作是鲜花，灵感是蝴蝶。蝴蝶令鲜花更美，但没有鲜花，并不会有蝴蝶。

从此我就想通了，不要有什么借口，每天写吧。既然喜欢这行，以这行养家糊口，那就不要抱怨。

当然，写作这事很辛苦，即使在媒体业，很多人有机会不写也就不写了。我没偷这个懒，也得感谢“工匠说”，如果这个苦是行业核心，那这个苦就一定得吃。

这二十来年，媒体形态已经翻天覆地，但其核心没变。到了移动互联的自媒体时代，照样如此。只不过要求从业者更自律、更辛苦而已。你无法适应更高节奏，无法定时定量地输出，那就不是“媒体”，不职业，你不是每天提供食品的职业面包师，只是偶尔在家烘焙消遣的业余爱好者。

我写稿时，连太经过我身边，会习惯性摸摸我的头说，好辛苦。

后来我专门和她谈了谈，说，以后你要对我写稿视若无物，它是我的日常，谁认真做事都很辛苦的，你也很辛苦。我不想听到“好辛苦”，我也不会在内心对自己这么说，它引发自怜，令人脆弱，并不是健康的心态。

其实，在某一行业，尤其是自己喜欢的行业，如果还有苦可吃，是要恭喜自己的，那说明你还没有被淘汰。出局的人马上可以躺倒休息，继续比赛的人才要奔跑。

也对现在害怕写作文的小朋友说一句，开始总是这样的，觉得写文章很苦，不要急，把你想到的、看到的尽量详细描述下来，就是很好的起步，写得多了，文章自然开始生动。

十年二十年之后，你说不定会爱上写作，能写一手漂亮的文章，精确阐述自己的想法。当然了，那时写作还是很苦的，不过，你已经不怕了，苦已是你能对付的日常动力，是证明你有价值的衡量标准。

把对自己的要求写下来，并努力做到，像工匠一样，不停训练自己的手艺。

JAN ☐ FEB ☐ MAR ☐ APR ☐ MAY ☐ JUN ☐

To do list

- ☐
- ☐
- ☐
- ☐
- ☐

MON. | DATE

TUE. | DATE

WED. | DATE

JUL ☐ AUG ☐ SEP ☐ OCT ☐ NOV ☐ DEC ☐

THR. | DATE

FRI. | DATE

SAT. | DATE

SUN. | DATE

出局的人马上可以躺倒休息，继续比赛的人才要奔跑。

第 32 周

52

我每天凌晨 5 点起来，泡一大杯茶，在腿上喷洒驱蚊水，然后开始今天最主要的工作，一直到临近 8 点时结束。

这个作息是被迫的。我原来迟睡迟起，工作基本安排在下午。有天差点耽误事，后来索性将工作安排在早上，这样有大量时间的缓冲，8 点实在做不完，推迟到 9 点，并不会犯太大的错。

前几天有读者问我，怎么样才能在凌晨 5 点起床，有什么秘密吗?

有，很容易做到。调个 5 点的闹钟，闹醒了，就起来。谁都做得到。

要在凌晨 5 点起床，就一定得调闹钟，那个时间点，你不可能自然醒，尤其是睡得比较迟的时候，比如凌晨 1 点睡，不到 9 点，无法自然醒，你一定得依靠闹钟。这就是秘密，闹钟是人类进步的声音。

我非常喜欢 NBA，看了 20 多年，科比可能是我

最爱的球星，他有句名言：我见过每天凌晨 4 点洛杉矶的样子。意思是，他是靠每天勤奋练习得到成功的。

在同等条件下，有没有勤奋练习是导致人与人之间差距的关键。NBA，能进这个顶尖联盟打球的任何一个球员，天赋都好，起点都高，有人成为巨星，有人黯然离场，甚至成为笑话，他们的差别，就在于有没有继续勤奋练习。

这种模式大量存在。都是一所顶尖大学的新生，不存在智商不足、能力不够的情况，仅仅 4 年后，有人具有了改变世界的能力，有人连毕业证书都拿不到。不到 1500 天，行为模式的差异，一天多挖一点点，就能挖出这么大的鸿沟，一生都填不满。

人每天有干扰、有分心、有情绪，不可能在完美的状况下开始，也不可能完美地结束，但核心技能的训练，每天的量完成，就没有虚度了。有些孩子，跟父母赌气，跟老师赌气，跟世界赌气，以荒废自己的方式撒娇。确实，父母、老师甚至世界，可能在某一刻都是错的，但是正因为他们的错，你才要更对。

所以，设定一个固定的训练量，设定一个固定的训练开始时间，是抗干扰的关键，也是自我负责的关键。科比见过每天凌晨 4 点洛杉矶的样子，每天的意思是，沮丧的时候，愤怒的时候，失败的时候，被世界不解与嘲笑的时候，都在凌晨 4 点开始训练。

当自己也早起时，发现凌晨确实有秘密，它的好处是倒逼你调整之前的所有安排。成年人的城市夜生活，是最容易失控的，如果没有早起的压力，纵情吃喝玩乐，第二天至少废掉半天，下午工作一会儿，夜晚的诱惑又开始了。有早起压力，夜生活就会收敛；夜生活收敛，白天的效率就高。

简单的定时定量，这个目标设定，没有一点技术难度，却是改变自己的关键。所以，你也应该试一试。

JAN ☐ FEB ☐ MAR ☐ APR ☐ MAY ☐ JUN ☐

To do list

☐

☐

☐

☐

☐

MON. | DATE

TUE. | DATE

WED. | DATE

JUL AUG SEP OCT NOV DEC

THR. | DATE

FRI. | DATE

SAT. | DATE

SUN. | DATE

设定一个固定的训练量，设定一个固定的训练开始时间，是抗干扰的关键，也是自我负责的关键。

第33周

52

紧握一把沙，最后它逃离你的掌控。

周一元气满满，周五垂头丧气。

你将每件物品摆在正确的位置，仿佛创世的神。而物品很快又跑到错误的位置。

你充满了电，然后没电，再充电，再没电。

我们的对手，是混乱，是无序，是衰落，是花的凋谢，是熵增。

我们知道，我们最终会死亡，一切将化为虚无，构成我们的原子将散去，构成别的物体：另一个人？一只猫？一棵树？星球的一部分？星尘？风？一个天才？一个疯子？

或许，重复的次数足够多，能不能又变成一个我？或许，重复得足够幸运，能不能变成一个我爱的你？

谁知道呢。

虽然最终归零，而我们还是那么努力过好这一生，这是为什么呢？

因为人的存在，本质上就是秩序，是繁荣，是花的开放，是熵减。

熵减才会有摩天楼。

熵减才会有城市。

熵减才会有登月计划。

熵减才会有整洁的家。

熵减才会有丰盛的人生。

熵减带给我们安宁、快乐、成就。熵减契合人的心理。

她擦去地上的灰尘，叠好从烘干机拿出的衣物，又让花喝饱了水，在这洁净的小小时空里，喜悦增多。

他刚跑完步，汗水多到像淋了雨，马甲线可能更清晰了。

一切计划，一切按计划行事的熵减，都在抚慰我们的心灵。

我们喜欢制订计划，虽然有些没有执行，有些在执行中变形，但我们还是爱计划，那就是因为制订计划就是熵减的开始，是一切成就的开始，是出生，是创世。

制订计划是人的特权，是一次又一次的出生。

只有人才能用计划喂养自己的精神。

JAN ☐ FEB ☐ MAR ☐ APR ☐ MAY ☐ JUN ☐

To do list

- ☐
- ☐
- ☐
- ☐
- ☐

MON. | DATE

TUE. | DATE

WED. | DATE

JUL AUG SEP OCT NOV DEC

THR. | DATE

FRI. | DATE

SAT. | DATE

SUN. | DATE

制订计划是人的特权，是一次又一次的出生。
只有人才能用计划喂养自己的精神。

第34周

52

管理学大师德鲁克有一个“认清自己，了解优势”的办法：“一旦决定要做什么，就把期待的结果写下来。9个月或1年以后，拿出来与结果对照一下。我这样坚持了50年，每次都有意外收获。谁这样做都是一样的，这样可以了解自己的优势。”

聪明的、灵光一现的人很多，但他们并没有走得特别远；坚持地、有韧性地每天做一些似乎人人可做，但最终他人难以坚持的事，这样的人，才能走得很远，远得自己无法想象。德鲁克是天才级的人，但他却按照笨方法行事。他也深知这点。

无论是聪明，还是不那么聪明，坚持总是能够做到的，坚持的门槛并不高。总有人说自己慢，但只要坚持，就是快，坚持是最快的速度。

我们已经进入更复杂、更智能、知识密集度持续增加的世界。这样的世界，需要我们有能力维持自己的良好状态，比如健康、稳定的情绪、持续的输出，还需要我们有能力为几年后储备才能。新品质、新才能的建立，坚持至少一年，就会成为坚定的习惯。坚持，不再只是少数人追求卓越的能力，已经变成基本要求。至少，我希望你我把它看成是基本要求。

德鲁克每一年都希望自己有新优势，他做了50年，整个世界都受益于他的坚持。

世界也将受益于你的坚持。

JAN ☐ FEB ☐ MAR ☐ APR ☐ MAY ☐ JUN ☐

To do list

- ☐
- ☐
- ☐
- ☐
- ☐

MON. | DATE

TUE. | DATE

WED. | DATE

JUL ☐ AUG ☐ SEP ☐ OCT ☐ NOV ☐ DEC ☐

THR. | DATE

FRI. | DATE

SAT. | DATE

SUN. | DATE

一旦决定要做什么，就把期待的结果写下来。9个月或1年以后，拿出来与结果对照一下。我这样坚持了50年，每次都有意外收获。谁这样做都是一样的，这样可以了解自己的优势。

——彼得·德鲁克

第35周

52

人有时候比较颓，什么事也不想做，仿佛断片一样过了一阵子；然而计划中断，只要重新行动一次，断片就停止了，千年暗室，一灯即明。计划与行动，具有治愈功能。

我自己喜欢用各种方式感知时间，每天工作之前，看一小会儿沙漏里沙粒的下泻，读一首莎士比亚的14行诗，时间就立体起来。

JAN ☐ FEB ☐ MAR ☐ APR ☐ MAY ☐ JUN ☐

To do list

- ☐
- ☐
- ☐
- ☐
- ☐

MON. | DATE

TUE. | DATE

WED. | DATE

JUL ☐ AUG ☐ SEP ☐ OCT ☐ NOV ☐ DEC ☐

THR. | DATE

FRI. | DATE

SAT. | DATE

SUN. | DATE

计划与行动，具有治愈功能。

第36周

52

我们可以信赖的，就是时间。

昨晚，由于非常巧的连锁反应，一件小事引发另一件小事，几个少则10年、多则近20年没见的朋友，一起吃了个饭，大家都活得好，很舒展。都生活在同一个城市，有的住得也不远，几站路，可就是这么久没见面。人生是不停分岔的路径，这个路口说再见，以为明天又会见面，可不停地分岔，我们被风景不停牵引，下一次见面，或许就是10年以后了。

好久不见,应该是成年人之间说得最多的一句话吧。

我们终究只是他人记忆里的碎片，10年闪一次。只有我们自己，拥有百分之百的自己，10年可以做很多事，也应该做很多事。

一起努力吧。正如爱因斯坦说的：“不是我聪明，只是我和问题周旋得比较久。”

JAN ☐ FEB ☐ MAR ☐ APR ☐ MAY ☐ JUN ☐

To do list

☐

☐

☐

☐

☐

MON. | DATE

TUE. | DATE

WED. | DATE

JUL ☐ AUG ☐ SEP ☐ OCT ☐ NOV ☐ DEC ☐

THR. | DATE

FRI. | DATE

SAT. | DATE

SUN. | DATE

不是我聪明，只是我和问题周旋得比较久。

——爱因斯坦

第37周

52

想做的事情，总是有一点难度。没有难度的事情，并不用计划。

人是有未来感的动物，脑子里其实时时在做计划，只是大多数计划等于幻觉，太模糊，几乎没有可操作性。

把计划具体化，就是可操作性变强的过程。

我今天要控制一下饮食，这计划比较模糊，它意味着你面对每一次食欲冲动时，脑子都要启动控制，吃还是不吃？要吃多少？最后往往吃得和平时一样多，甚至更多。

但是具体一点，比如，我在接下来的24小时内，除了喝水，不吃其他东西。操作就很明确了，你的食欲服从命令，自然而然关闭，食物摆在你面前，你也不会被诱惑。我经常这么做，其间工作、跑步，什么都不会受影响。这让身体有个恢复过程，被食欲驱使得太累了，休息一下。而且不被餐饮打断，觉得多了一整块时间。

佛陀曾说过，学会忍受饥饿，是大本事，这样没饭吃时，不会慌张。想想还真有道理。从现在开始，我就饿 24 个小时吧，完成一个小任务。

所以，你在制订计划时，尽量具体化，将大有帮助。

好了，写下你的计划吧。

JAN ☐ FEB ☐ MAR ☐ APR ☐ MAY ☐ JUN ☐

To do list

☐

☐

☐

☐

☐

MON. | DATE

TUE. | DATE

WED. | DATE

JUL ☐ AUG ☐ SEP ☐ OCT ☐ NOV ☐ DEC ☐

THR. | DATE

FRI. | DATE

SAT. | DATE

SUN. | DATE

想做的事情，总是有一点难度。没有难度的事情，并不用计划。

第38周

52

不嫉妒，不抱怨，不过度消费；面对什么困难，都保持乐观的心态，交靠谱的人，做本分的事……都是些简单的道理，也都是些老掉牙的道理。做到了，一生受益。

——查理·芒格

芒格代表了成功的人生，智慧、财富与声誉，个个不缺。但得到这一切，不过只是遵守上述原则而已。

这些原则，并不是美国人独有，聪明人独有，它是人类共有的，可以叫作天理，可以叫作公序良俗，智力正常就能理解，小朋友从懂事开始就熟悉它们。所以，成功的人生并没有秘密，成功的人生只是需要自律。

对芒格原则的遵守，就是最重要的自律。锻炼身体，增强心肺功能，我们做有氧运动，增加肌肉量，我们做无氧运动，一次又一次重复那些基本的动作，精疲力竭，但又乐此不疲。而锻炼看不见的精神，是同样的道理，你在选择时一次次重复芒格原则，直到成为本能，成为潜意识。违反这些原则的做法，就像变质的食物一样，你会恶心，入不了口。

每年 3 · 15 集中展示那么多欺骗事件，它们平时也不会少，甚至可以说，欺骗就像疾病一样，永远存在。那些欺骗者，就是精神上极度脆弱，以至于无法坚持原则的人。抢劫、盗窃、欺骗，它们的共性就是马上能够得到满足，但最后一定是毁灭，反智慧、反财富、反声誉，是失败的人生。

有些人的口头禅是：别人都这么做了，所以我也……这些人可能并不是坏人，做不了很坏的事，但他们在精神上缺乏锻炼，无法抵抗“马上满足”病毒，轻易地放弃了原则，成为骗子的同谋，甚至甘愿成为骗子的牺牲品，以为骗子能为自己迅速带来财富与荣誉。

当其他人都生病时，你一定会为自己保持健康感到庆幸和自豪。同理，当其他人都不在乎芒格原则时，你也应该为自己能够遵守感到庆幸和自豪，那证明你的精神很强大，不易受病毒感染。

很多人喜欢预测未来，为未来准备很多新的理论、新的发现、新的准则，为新而新，认为像芒格这样遵守老道理的人，似乎并不时尚。聪明的纳西姆 · 尼古拉斯 · 塔勒布持相反看法，他认为预测未来，有一个原则：活得越久的东西，将来寿命也越长。未来巫师的满嘴新词，生命力绝不如芒格老掉牙的道理，这些老掉牙的道理活了很久，战胜了另一些老掉牙的欺骗，在将来，人类的精神依然要靠它们生存，要靠它们保持健康，并为自己赢来智慧、财富和声誉。

JAN ☐ FEB ☐ MAR ☐ APR ☐ MAY ☐ JUN ☐

To do list

- ☐
- ☐
- ☐
- ☐
- ☐

MON. | DATE

TUE. | DATE

WED. | DATE

JUL ☐ AUG ☐ SEP ☐ OCT ☐ NOV ☐ DEC ☐

THR. | DATE

FRI. | DATE

SAT. | DATE

SUN. | DATE

不嫉妒，不抱怨，不过度消费；面对什么困难，都保持乐观的心态，交靠谱的人，做本分的事……都是些简单的道理，也都是些老掉牙的道理。做到了，一生受益。

——查理·芒格

第39周

52

一个人如果专心只做一件事是一定会成功的，当然我是专心致志做通信的，如果专心致志养猪呢？我可能是养猪的状元；专心致志磨豆腐呢？我可能也是豆腐大王。

——任正非

中国的优秀企业家，正成为最有影响力的一群人。这不是说他们粉丝多，粉丝不可能多过明星，而是说他们的价值观、方法论，升级了许多人的思维与生活，即使其中有些人更多时间花在追星上，但他们底层的逻辑却是由这些企业家架构的，真要做重大决定时，他们会参考一下企业家在同等情况下如何抉择。

企业家是实干者，绝大多数低调、内敛，风险意识很强。这些因素造成他们不爱说话，觉得把事做好就行，言多必失，不必给自己的企业带来麻烦。再加上他们的文采可能不如一般的文艺青年，说出来似乎平平淡淡，鉴赏力不强的人，也体会不到它的好。

任正非先生这段话提到的养猪与做豆腐，对现代人来说，绝对不是酷的行业，尤其是养猪。用这些例子来讲做事的态度，当然不够华丽，但足够接地气，几乎每一个人都可以理解。道理是一致的，它就隐藏在这些每个人都知道的事情上。两千多年前，老子也是这样讲道理的，他说，治大国，若烹小鲜。治理大国与炒几个家常菜,道理是一样的,不仅不能轻视后者,反而要感谢后者提供了足够多的体验，大大降低了学习成本,你将来要做的大事都是由今天的小事长成的。

换一个角度想，你现在不得不去养猪或做豆腐，你是专心把它做好，还是一边抱怨一边糊弄？这种选择就划分出不同的人生。大多数人的工作，显然比养猪和做豆腐轻松，但抱怨还是常态，抱怨自己的工作，进而抱怨自己的家庭，抱怨自己的人生，抱怨小环境大环境，这些抱怨可能都有些依据，但给他一件百分之百喜欢的事（假设有这样的事），他也是做不好的，做几天，厌烦与困难来了，他又得开始抱怨。对于抱怨者来说,任何美妙的事情,都会糊弄成他讨厌的养猪。

我们被分配的人生，都有一些我们并不喜欢的因素存在，我们格局的提升，就体现在如何把这些不喜欢的因素转化成自己的资源。真要去养猪，那就把猪养好，以后命运给你更多更好的机会，你才能治大国若养小猪。

我们每周要完成的事，都是行动，都有一点困难，不可能轻轻松松完成。专心地把它完成一次又一次，不停战胜下一周，才能当一个养猪状元。

JAN ☐ FEB ☐ MAR ☐ APR ☐ MAY ☐ JUN ☐

To do list

- ☐
- ☐
- ☐
- ☐
- ☐

MON. | DATE

TUE. | DATE

WED. | DATE

JUL ☐ AUG ☐ SEP ☐ OCT ☐ NOV ☐ DEC ☐

THR. | DATE

FRI. | DATE

SAT. | DATE

SUN. | DATE

一个人如果专心只做一件事是一定会成功的，当然我是专心致志做通信的，如果专心致志养猪呢？我可能是养猪的状元；专心致志磨豆腐呢？我可能也是豆腐大王。

——任正非

第40周

52

当我们散发光芒时，也鼓励了他人；当我们从恐惧中解放出来时，无形中也解放了他人。

——玛丽安娜·威廉森

这句话找到了人与世界的联结点。它不再让自己迷失。

让自己迷失，物理上是不可能的事，你怎么会找不到你自己？

而迷失，是心理上常有的事，你觉得找不到自己，总有被世界遗弃的孤寂感。

我们太渴望他人的认同与赞美，仿佛所有人都应该像自己的母亲一样，无休止地呵护自己这个婴儿。

我们很容易忘记，无论走到哪里，我们还是用自己的脚站立。世界总是在自己身边展开，你是周围事物的中心，你赋予它们意义。你在深山中赏花，深山就是你的友人。你在深山中迷路，深山就是你的敌人。

那些意志力强大的人，命运把他们扔进深山，用迷路吓他们，他们却坐下来赏花，甚至开始种花，钦佩他们的人们，会踩出一条路找到他们。他们知道，虽然伸出双手，是无，但只要有用这双手的自由，就能握住一切。

我们制订计划，就是成为这样的人。我们不知命运把我们放在哪个位置，又给了我们多少弱点，但只要有制订计划、完成计划的自由，弱点将变成资源。与它角力的过程，就是理解人性的训练课，理解自己，就是理解所有人：死的、生的，以及还未出生的。

只有周而复始的训练，才能理解自己。

写下你下周将要训练自己的事情：那些你要发光的事，那些你要解放自己的事。

JAN ☐ FEB ☐ MAR ☐ APR ☐ MAY ☐ JUN ☐

To do list

- ☐
- ☐
- ☐
- ☐
- ☐

MON. | DATE

TUE. | DATE

WED. | DATE

JUL ☐ AUG ☐ SEP ☐ OCT ☐ NOV ☐ DEC ☐

THR. | DATE

FRI. | DATE

SAT. | DATE

SUN. | DATE

当我们散发光芒时，也鼓励了他人；当我们从恐惧中解放出来时，无形中也解放了他人。

——玛丽安娜·威廉森

第41周

52

优于别人，并不高贵，真正的高贵应该是优于过去的自己。

——海明威

比较体系，是进步体系。同样的进步，可让人痛苦，可让人快乐，就是因为比较体系不同。

跟人比，令人痛苦，不仅无法保持高贵，还会失去高贵。跟人比，容易自卑沮丧，总有人更优秀。跟人比，也容易嫉妒仇恨，最优秀的那个人消失，就没人比自己好了。

跟自己比，令人快乐。你得到了耐心，你知道得给自己时间。你学会了欣赏自己，你也更容易欣赏别人，在优秀者群体中，你的进步将加速，借助他人的智慧，就如出行借助动车一样，只要你愿意上车，坐着都比奔跑更快。

跟自己比，每天都比昨天更好，在这过程中更理解人性，你知道其中从挣扎到挣脱的过程，就像花朵突然绽放，它想必也很累，需要举重一般突然发力；在这过程中也知道学习与成长的规律，你的孩子或学生需要重复这个过程，你将是一个很好的引领者，可让他保持速度，又让他充满希望。你的成长，就是你所处系统的成长。

跟自己比，明天的自己必须比今天的自己更好，智慧增多一点，能力加强一点，财富增加一点，这应该当成命令。人的一生，只要是和自己比，一生的进步和快乐，只会终止于死亡。

JAN ☐ FEB ☐ MAR ☐ APR ☐ MAY ☐ JUN ☐

To do list

- ☐
- ☐
- ☐
- ☐
- ☐

MON. | DATE

TUE. | DATE

WED. | DATE

JUL ☐ AUG ☐ SEP ☐ OCT ☐ NOV ☐ DEC ☐

THR. | DATE

FRI. | DATE

SAT. | DATE

SUN. | DATE

优于别人，并不高贵，真正的高贵应该是优于过去的自己。

——海明威

第42周

52

我对任何唾手可得、快速、出自本能、即兴、含混的事物没有信心。我相信缓慢、平和、细水长流的力量，踏实，冷静。我不相信缺乏自律精神，不自我建设，不努力，可以得到个人或集体的解放。

——伊塔洛·卡尔维诺

卡尔维诺是我青年时的文学偶像之一，至今仍是。只不过他的文字实验性、探索性太强，不适用于大众传播，所以你无法在我现在的文章中看到他的影子。

他是最出色的作家，他探索了表达的多种可能，是所谓作家中的作家，阅读力未及一定门槛，或许无法欣赏他的好，但到了你能欣赏的时候，你就会赞叹，同样一段话，同样一个主题，他有办法写得和前人完全不同，但又完全看不出反抗、断裂与愤怒，就像有一片叶子变异成植物史上的第一朵花。

卡尔维诺又聪明又勤奋，这样的人认定一件事，做半辈子，没有不登峰造极的。这样的人会坚持一辈子，只是在做到半辈子时，大家已经知道他的厉害，而且认为他一切都是天生的，后半辈子他也努力，看起来很轻松罢了。

聪明和勤奋不可兼得之时，怎么挑？

我宁愿是一个勤奋而不那么聪明的人。勤奋是一种主动的选择，一个人想勤奋就可以勤奋，大方向不错，勤奋地聚焦于一件事，不需要半辈子，10 年之后，你在专注的事业上，就很聪明了。这种方法论若是推广到生活的其他领域，你就是一个通透的人。聪明成了勤奋的结果。

只有聪明而不勤奋，投机取巧一时领先，各种偷懒与堕落还可被自己包装得正义凛然，慢慢把自己也骗了，10 年之后，你就变笨了，只在无理取闹方面仍然保留了聪明。笨和令人讨厌，也是懒惰的结果，再聪明的人，懒久了，都会腐烂。

继续在自己专注的领域勤奋吧。像卡尔维诺一样，细水流长，直至地久天长。

JAN ☐ FEB ☐ MAR ☐ APR ☐ MAY ☐ JUN ☐

To do list

- ☐
- ☐
- ☐
- ☐
- ☐

MON. | DATE

TUE. | DATE

WED. | DATE

JUL ☐ **AUG** ☐ **SEP** ☐ **OCT** ☐ **NOV** ☐ **DEC** ☐

THR. | DATE

FRI. | DATE

SAT. | DATE

SUN. | DATE

我对任何唾手可得、快速、出自本能、即兴、含混的事物没有信心。我相信缓慢、平和、细水长流的力量，踏实，冷静。我不相信缺乏自律精神，不自我建设，不努力，可以得到个人或集体的解放。

——伊塔洛·卡尔维诺

第43周

52

大多数人都高估了自己一年内能做到的事情，也低估了自己十年内能做到的事情。

——吉姆·罗恩

人们常说时间无情。不对，时间最有感情，它对朋友温柔，对敌人冷酷。

你骗时间，就被残忍惩罚。你爱时间，它会送你各种礼物。

你愿意承受重担，时间就让担子越来越轻。你不愿意承受重担，时间就让你的力量越来越小，最后什么担子都觉得重。

很多人刚开始做几天事情，没有效果，就急了：我何时才能够成功？我读了几页书，怎么还没变聪明？我写了几篇文章，怎么还没读者？我做了几天事，怎么还没赚到钱？

我总是说，你花的时间还太少，先坚持十年再说吧。

有人又会问：那十年之后还是不成怎么办？

那就不成吧。只有接受这个，才是爱。就像十年以后，我们可能会死，也努力活每一天，那是因为爱生命。十年之后我们死的可能性低，但百年之后，我们大概都死了，一切成空。活得越久，离死亡就越近。爱每一秒，爱每一天，爱现在，爱过程，这是生命的意义。不理解这点，就会变成彻底的虚无主义。

在标准运动场上跑25圈，10000米的终点就是你的起点，你并不在乎只前进了0米，你享受自己的坚持，以及强壮了心肺功能。

坚持的意义不在于成功，坚持的意义在于坚持。成功只是副产品。

JAN ☐ FEB ☐ MAR ☐ APR ☐ MAY ☐ JUN ☐

To do list

- ☐
- ☐
- ☐
- ☐
- ☐

MON. | DATE

TUE. | DATE

WED. | DATE

JUL ☐ AUG ☐ SEP ☐ OCT ☐ NOV ☐ DEC ☐

THR. | DATE

FRI. | DATE

SAT. | DATE

SUN. | DATE

大多数人都高估了自己一年内能做到的事情，也低估了自己十年内能做到的事情。

——吉姆·罗恩

第44周

52

在你成为领导者之前，成功的全部就是自我成长；当你成了领导者，成功的全部就变成帮助他人成长。

——杰克·韦尔奇

很多人认为领导力与自己无关，我既不掌握一家大公司，也不是将军与领袖，我只是普普通通的人。

领导力其实与每一个人有关。一个领导者，可能会伪装成普通人，就像漫威的超级英雄一样，很多都有普通人的身份。一个人可能无法有重要的位置，这点命运女神的发言权大一点。但是韦尔奇所描述的领导力第一阶段“自我成长”却是人人可以做到的，也必须做到，这是把人视为种子，善良、才能、胆量，就像果实、绿叶与尖刺一样，是种子里微弱的信息，你得呼吸阳光，将微弱复制成强大。

一个人有家人，有朋友，有人可爱可关怀，他就自然有领导者的身份。一个优秀的爸爸（或妈妈），他（她）出了家门，只是普通人，但在家庭里的卓越领导力，能让孩子更早领会到生命的力量、美妙和可能，也能指引家人跃升若干级。一家人坐在一起，一群朋友聚会，成长得最好的那个人，发言更受重视，这就是领导力的自然形成。长得不好，连自己的孩子都骗不过。

有些人的自我成长似乎完成得很好，拥有能量——以各种形式体现：金钱、地位、权力、才能，但他们却拒绝帮助他人成长，即使是自己的孩子。某种程度上，这也是自我成长得不够，还没体会到交换能得到更多，没有给予就没有得到。吝啬自己能量的人，其实是囚禁了自己。正如守财奴，用一分钱就像剐一片肉（即使这钱是给孩子买奶粉），那么，拥有越多钱，他的恐惧就越大。

给予是成长的更高级阶段，给家人安全感，给孩子时间与耐心，给人自己的见解与观念，给人善意，给人同理心，这些能量都会回馈你。

JAN ☐ FEB ☐ MAR ☐ APR ☐ MAY ☐ JUN ☐

To do list

- ☐
- ☐
- ☐
- ☐
- ☐

MON. | DATE

TUE. | DATE

WED. | DATE

JUL ☐ AUG ☐ SEP ☐ OCT ☐ NOV ☐ DEC ☐

THR. | DATE

FRI. | DATE

SAT. | DATE

SUN. | DATE

在你成为领导者之前，成功的全部就是自我成长；当你成了领导者，成功的全部就变成帮助他人成长。

——杰克·韦尔奇

第45周

52

强者是能专注于工作的人。这样的人，无论遇到什么事情，都不会被吓倒。他们不会慌张，不会战栗，不会惊慌失措，更不会烦躁不安。工作使他们的人格与心智得到锻炼，让他们成为这世上领先于他人的人。

——尼采

工作当然应该取得与之相适应的报酬，一个老板苛刻你，该给的钱不给你，你最好的选择就是辞职，找一个正常的老板，以获得更高的收入。比较糟糕的是，以厌恶自己工作、以毁灭自己品质作为应对。这类似于自残，时间一久，你失去高品质产出的能力，自身就不值钱了，反而证明别人苛刻你是对的。一颗苹果决定烂掉，它将不可能恢复新鲜。

人比苹果好一点，人有反省能力，有自我更新可能。但是反省与更新，离开工作也做不到。这能力流失很快。

节奏是很重要的事，定时、定量，不要停太久，即使只做一点，打破停止，都有莫大的帮助。工作是一个人保持节奏的最好办法。与其说强者专注于工作，不如说专注于工作令人成为强者。广义地说，只要我们有意识去完成、去提升的事，都是工作，都可以计划，都可以专注。

JAN ☐ FEB ☐ MAR ☐ APR ☐ MAY ☐ JUN ☐

To do list

- ☐
- ☐
- ☐
- ☐
- ☐

MON. | DATE

TUE. | DATE

WED. | DATE

JUL AUG SEP OCT NOV DEC

THR. | DATE

FRI. | DATE

SAT. | DATE

SUN. | DATE

强者是能专注于工作的人。这样的人，无论遇到什么事情，都不会被吓倒。他们不会慌张，不会战栗，不会惊慌失措，更不会烦躁不安。工作使他们的人格与心智得到锻炼，让他们成为这世上领先于他人的人。

——尼采

第46周

52

我不是天才。我有几点聪明，我只不过就留在这几点里面。

——托马斯·沃森

这句话应是芒格的能力圈的灵感来源，当然，芒格的能力圈现在著名得多，意思是人若认清自己的能力圈，并在此范围内活动，那么，犯错的概率就极低。而人生拼的是少犯错误，能够持续积累小的正确，在滚雪球效应下，结果相当可观。

其实天才和普通人一样，也只有几点聪明，并不可能每个点都聪明，正如苏格拉底发现的那样，一个人知道得越多，他就得承认，自己面临的无知也越多。在人类的总体智慧面前，每一个个体，都呈现出可怜的无知。知道这个事实，更容易理解能力圈。

如履薄冰，如临深渊。这就是知道能力圈之后，在自己的那几个聪明之外，自己应有的恐惧，你得非常小心，不然就有危险。

很多人的行事方式与此相反，一个点聪明，就以为自己每个点都聪明，要颠覆这个，改写那个，结果当然是这个也不行，那个也不行，做得比别人差多了。

要看人做了什么，而不是说了什么，要用结果来检验一个人是否聪明，而不是用他的言语。也只有这样，人才会专注于自己的聪明点，直到把事情做成。不然的话，放放嘴炮就可以了，多轻松。

写下你下周要达成的事，持续打磨自己的几个聪明点。在能力上，无法好高骛远，只有脚踏实地一条路可走，因为必然要遇上硬碰硬的检验，无论任何一行，从钟点工到核工程师，都是如此。

JAN ☐ FEB ☐ MAR ☐ APR ☐ MAY ☐ JUN ☐

To do list

- ☐
- ☐
- ☐
- ☐
- ☐

MON. | DATE

TUE. | DATE

WED. | DATE

JUL ☐ AUG ☐ SEP ☐ OCT ☐ NOV ☐ DEC ☐

THR. | DATE

FRI. | DATE

SAT. | DATE

SUN. | DATE

我不是天才。我有几点聪明，我只不过就留在这几点里面。

——托马斯·沃森

第47周

52

每一个环节对你的人生都有巨大的意义。你要十分认真地对待现在手中的任何一件工作，积累你的记录。

——任正非

名将的诞生，需要有一次著名的战役。但在这次战役之前，他一直在做准备。出色的体能、顽强的意志、过人的眼光，都等着捕捉战役的胜利。

如果将此视为人生的比喻，著名的战役就相当于成功需要的时机和一点点运气；而每天认真地生活，日复一日地珍惜时光，打磨自己的基本技能，那就是名将诞生之前的准备工作。

绝大多数人无法成为大名将，即那种全世界关注，也影响全世界的人，就像你做好了一切准备，著名战役就是没有发生，你可能就是一名普通的战士。

可是绝大多数人也不需要成为大名将，他只需要

成为小名将，在他有限的范围，赢得自己的战役即可：让自己体面之战，让家人安全幸福之战，获得朋友与同事的尊重之战。在和平时代，在市场经济条件下，成为小名将，并不需要运气，能把手头工作做好，慢慢积累，就行了。

任何一件简单的工作，做好都不简单。似乎人人能做的简单工作，你做得别人都赢不了，就说明你这个人不简单。不要嫌弃你手头的工作，不要指望你偷懒，却有个重要的战役让你赢，你养成的逃避习惯，只会让你永远成为逃兵。

先确保下周能赢，一周周看似平淡无奇地赢下去，这就是名将的诞生。

JAN ☐ FEB ☐ MAR ☐ APR ☐ MAY ☐ JUN ☐

To do list

- ☐
- ☐
- ☐
- ☐
- ☐

MON. | DATE

TUE. | DATE

WED. | DATE

JUL ☐ AUG ☐ SEP ☐ OCT ☐ NOV ☐ DEC ☐

THR. | DATE

FRI. | DATE

SAT. | DATE

SUN. | DATE

每一个环节对你的人生都有巨大的意义。你要十分认真地对待现在手中的任何一件工作，积累你的记录。

——任正非

第48周

通过欣然接受局限，而不是试图以追逐更多资源的方式克服局限，我们不但可以解决问题，还会因为局限的存在而最终取得更好的结果。

——斯科特·索南沙因

人的局限，最无可争议的，莫过于人最后都会死亡，时间有限。也正因为如此，我们反而知道时间的意义，想办法增加时间的质量。时间也有复利，你现在一天创造的价值，可能胜过二十年前半年创造的价值，两天等于一年，你生命不就变长了吗？

你一定有这样的经验，处理某件比较难的事，最后发现某个条件受限。也正因为受限，事情显得难。当找到替代的、迂回的、变通的方法突破限制时，难事解决了，自己的能力也提升了。

局限为难你，局限引领你。局限是敌人，更是朋友。

不知道局限价值的人，只看到它是敌人，会有这样的习惯性退缩：如果如何如何就好了！不是我不想，是条件不允许！我有更多资源时，一定能够做得更好！诸如此类，不做都可以找到理由。

知道局限价值的人，将把它当成朋友，它是教练，是无法通融的考官，也是定期就得偿还的房贷，无论如何，你都得做成。在资源更少时都能挣扎求生，资源更多时你才不会错过。弱了就认输，你就只适合弱。

那些你反复突破的局限，在勾勒出一个更好的你。像个孩子一样，热情地、不知疲倦地、不怕丢脸地练习。

JAN ☐ FEB ☐ MAR ☐ APR ☐ MAY ☐ JUN ☐

To do list

- ☐
- ☐
- ☐
- ☐
- ☐

MON. | DATE

TUE. | DATE

WED. | DATE

JUL ☐ AUG ☐ SEP ☐ OCT ☐ NOV ☐ DEC ☐

THR. | DATE

FRI. | DATE

SAT. | DATE

SUN. | DATE

通过欣然接受局限，而不是试图以追逐更多资源的方式克服局限，我们不但可以解决问题，还会因为局限的存在而最终取得更好的结果。

——斯科特·索南沙因

第49周

52

读书当一意在书，游山水当一意在山水。乘兴所至，心无旁及。读书游山，用功皆在一心。能知读书之亦如游山，则读书自有大乐趣，亦自有大进步。否则认读书是吃苦，游山是享乐，则两失之矣。

——钱穆

在台北玩的时候，多数时间是在找吃的，唯一的例外就是花了半天瞻仰钱穆故居。钱穆故居位于东吴大学外双溪校区的素书楼，一楼客厅展区有电脑可播放钱穆先生的一些演讲，我打开一则听，时长69分钟，主题是认识时代。听到10来分钟时，有工作人员见我无意离去，贴心地搬来椅子让我坐下。游人极少，一人独享这段美妙时光，感觉极好。这69分钟，可能就是钱穆先生所说的“一意”吧。

钱穆先生的生活十分规律，也十分单调，特别能够说明什么叫作“一意”。他清早起来，小坐片刻，即开始写作和教学，年复一年，一生不休。94 岁时，已近全盲，还在素书楼授课。

一生很长，一意生活，一意做事，一意游山水，一定有学问，一定能得到生活的乐趣，一定能找到人生的意义。

JAN ☐ FEB ☐ MAR ☐ APR ☐ MAY ☐ JUN ☐

To do list

- ☐
- ☐
- ☐
- ☐
- ☐

MON. | DATE

TUE. | DATE

WED. | DATE

JUL [ ] AUG [ ] SEP [ ] OCT [ ] NOV [ ] DEC [ ]

THR. | DATE

FRI. | DATE

SAT. | DATE

SUN. | DATE

读书当一意在书，游山水当一意在山水。乘兴所至，心无旁及。读书游山，用功皆在一心。能知读书之亦如游山，则读书自有大乐趣，亦自有大进步。否则认读书是吃苦，游山是享乐，则两失之矣。

——钱穆

第50周

52

专家知识有时没有常识辅助，结果就走不通。而常识若善于应用，就远比专家得力。

——沈从文

沈从文先生后半生精力放在研究历史文物，有人认为可惜，我却觉得他转换跑道很有意思，在另一个领域再登巅峰，什么情况下都能证明自己，这是何等自豪的事。

为了证明他所说的常识的力量，沈从文先生举了若干事例。其中之一是：故宫曾购买“天鹿锦”卷子，上有乾隆题诗，信以为真。他拿来一看，判断只是明代衣上的一片残绣，即非“宋”，也非“锦”。后来丝绣组有一中学毕业的青年，作文论证了此事，在这件文物的考证上，赢过了专家。

原因何在？沈从文先生认为，是这个青年老老实实，看了几万件绸缎，在小事上下苦功夫，有了发言权。

虽然故宫藏有超过十万件的丝绸，但不看它，不弄懂它，宝库也没用。

人人拥有宝库，我们这一生，按一百岁算，三万多天，珍惜每一天的自我对话，自我成就，甚至是沮丧、挫败与失败，它让你了解人性，而所有人共享人性，这让你对人性有了发言权，知道何为真，何为假，什么有用，什么又只是浪费时间。成就自己，就是成就他人。

像故宫那位青年一样，老老实实，弄懂每一天丝绸一样的时光，我们就有人生的常识，也会成为时光的专家。

JAN ☐ FEB ☐ MAR ☐ APR ☐ MAY ☐ JUN ☐

To do list

- ☐
- ☐
- ☐
- ☐
- ☐

MON. | DATE

TUE. | DATE

WED. | DATE

JUL ☐ AUG ☐ SEP ☐ OCT ☐ NOV ☐ DEC ☐

THR. | DATE

FRI. | DATE

SAT. | DATE

SUN. | DATE

专家知识有时没有常识辅助，结果就走不通。而常识若善于应用，就远比专家得力。

——沈从文

52

第51周

慢慢发财是很容易的事，而快速发财是很难的，可是多数人喜欢很难的事。

——沃伦·巴菲特

本周有一个比较大的财经新闻，就是茅台的股价一度突破了每股1000元，这被官方媒体评价为价值投资的回归与胜利。一个人10年前投资茅台，简单地买入后，不再有任何操作，他就做了最成功的投资，这就是巴菲特所说的慢慢发财，这种慢，最后反而比别人都快。

这种慢，为什么人比较难做到？因为人容易受短期情绪的影响，忽视时间的力量，成为一个标准的三维动物。在科幻电影中，主人公在时间之河中穿越，先知事物的因果，处于不败之地，他在三维之上又加了时间一维，变成四维动物。四维永远胜三维。

我们不是科幻电影的主人公，但经过训练，照

样可以掌握时间穿越术，变成四维人。茅台股价突破1000元是大事吗？很小的事，将来它还会突破10000元，或许在10年后，或许在20年后，它是发生在未来的大概率事件。就算告知因果，三维人也会忘了因果，正常的价格波动都令他心惊胆战，更不用说那些癫狂的价格起伏，他一定会背叛自己的计划，放弃自己的坚持。时间这个维度，他享受不了。

最重要的不是茅台，不是任何一家上市公司，是我们自己。世间万物，不过辅佐我们度过这一生，帮助我们升值，创造一个接一个的高价，才是有价值的事。一个人有价值了，世界万事也跟着有价值。完成这个升值过程，就是要掌控时间，再大的计划，分解到一周，一天，都是小事，不受情绪干扰，不被他人影响，慢慢完成对自己的许诺，这让人生变得容易。

写下你的计划，完成你下周的四维人训练任务。

JAN ☐ FEB ☐ MAR ☐ APR ☐ MAY ☐ JUN ☐

To do list

- ☐
- ☐
- ☐
- ☐
- ☐

MON. | DATE

TUE. | DATE

WED. | DATE

JUL ☐ AUG ☐ SEP ☐ OCT ☐ NOV ☐ DEC ☐

THR. | DATE

FRI. | DATE

SAT. | DATE

SUN. | DATE

慢慢发财是很容易的事，而快速发财是很难的，可是多数人喜欢很难的事。

——沃伦·巴菲特

第52周

52

没人怕做他熟练掌握的事情。

——维盖提乌斯·雷纳特斯

（古罗马名将）

名将的这句话，不仅我本周喜欢，在很长的几年内，我都很喜欢，以至于每一次启用新笔记本时，都把这句话写在第一页。

但要不要推荐这句话，又犹豫了多次，因为它看起来太普通，可能很难一下见识它的好，而它是好到涉及底层架构的一句话。今天还是决定推荐了。

罗马帝国称霸千年，核心在于其军事技术领先。当时都是冷兵器，只能依靠纪律与人力的领先。战争令人恐惧，没人会喜欢，它的产品是疼痛、流血和死亡。罗马士兵也不例外，他们的领先在于对战争技艺更熟悉，因此害怕的程度比对手更小。

罗马军团平时驻扎在野外，视在城镇享受为懦弱。

平时训练时使用特定的兵器，比实战用的重一倍。在拉丁文中，“军队”一词就是借用“操练”的原意。对重大过失，比如不听节制、违反命令等，有严酷的“十一抽杀律”，就是采用抽签的方式抽出十分之一的人员，其余未中签者排成夹道，用棍棒将受罚者击毙。

残酷的训练，冷酷的军法，使得人人害怕的战争，成为罗马士兵最熟悉的技能，帝国因此长期处于不败之地。

这就是操练的价值。很多事情人人害怕，但又不得不做，那最好的策略就是不停操练，直到自己比别人熟悉，把害怕的程度降到最低。这策略用来应对战争可行，应对我们的人生，更可行。

我们没有完成操练计划，违背自己的命令，不必恐惧十一抽杀律，这是符合人道主义的好事，这也意味着，要有更强的自律，我们才能维持操练的强度与持久性。

JAN ☐ FEB ☐ MAR ☐ APR ☐ MAY ☐ JUN ☐

To do list

- ☐
- ☐
- ☐
- ☐
- ☐

MON. | DATE

TUE. | DATE

WED. | DATE

JUL ☐ AUG ☐ SEP ☐ OCT ☐ NOV ☐ DEC ☐

THR. | DATE

FRI. | DATE

SAT. | DATE

SUN. | DATE

没人怕做他熟练掌握的事情。

——维盖提乌斯 · 雷纳特斯

胭+砚
project:

图书在版编目 (CIP) 数据

下周很重要 / 连岳著 . -- 上海 : 东方出版中心 ,
2019.10
(胭砚计划)
ISBN 978-7-5473-1534-7

Ⅰ . ①下… Ⅱ . ①连… Ⅲ . ①人生哲学—通俗读物
Ⅳ . ① B821-49

中国版本图书馆 CIP 数据核字 (2019) 第 181984 号

下周很重要
连岳　著

统筹策划　彭毅文
责任编辑　彭毅文　肖月
书籍设计　任凌云　沈彩蕊

出版发行 : 东方出版中心
地　　址 : 上海市仙霞路 345 号
电　　话 : 021-62417400
邮政编码 : 200336
印　　刷 : 天津图文方嘉印刷有限公司
开　　本 : 787mm*1092mm 1/32
字　　数 : 184 千字
印　　张 : 10.25
插　　页 : 12
版　　次 : 2019 年 10 月第 1 版第 1 次印刷
ISBN 978-7-5473-1534-7
定　　价 : 78.00 元

胭+砚
project:

胭砚计划（按出版时间顺序）：

《天命与剑：帝制时代的合法性焦虑》，张明扬著

《送你一颗子弹》，刘瑜著

《暴走军国：近代日本的战争记忆》，沙青青著

《一茶，猫与四季》，小林一茶著

《摩登中华：从帝国到民国》，贾葭著

《说吧，医生 1》，吕洛衿著

《说吧，医生 2》，吕洛衿著

《我爱问连岳 6》，连岳著

《国家根本与皇帝世仆——清代旗人的法律地位》，鹿智钧著

《父母等恩：〈孝慈录〉与明代母服的理念及其实践》，萧琪著

《故事新编》，刘以鬯著

《下周很重要》，连岳著

必见辽阔之地！

胭+砚
project